천리안,
하늘에서 바다를
연구하다

천리안, 하늘에서 바다를 연구하다
_세계 최초의 정지궤도 해색위성 이야기

초판 1쇄 발행 2020년 12월 24일

지은이 유주형·안재현
펴낸이 이원중

펴낸곳 지성사 **출판등록일** 1993년 12월 9일 **등록번호** 제10-916호
주소 (03458) 서울시 은평구 진흥로 68(녹번동) 2층(북측)
전화 (02) 335-5494 **팩스** (02) 335-5496
홈페이지 www.jisungsa.co.kr **이메일** jisungsa@hanmail.net

ISBN 978-89-7889-457-9 (04400)
ISBN 978-89-7889-168-4 (세트)

잘못된 책은 바꾸어드립니다. 책값은 뒤표지에 있습니다.

이 도서의 국립중앙도서관 출판시도서목록(CIP)은 서지정보유통지원시스템
홈페이지(http://seoji.nl.go.kr)와 국가자료공동목록시스템(http:www.nl.go.kr/kolisnet)에서
이용하실 수 있습니다. (CIP제어번호:CIP2020053083)

천리안, 하늘에서 바다를 연구하다

세계 최초의 정지궤도 해색위성 이야기

유주형
안재현
지음

천리안 해양관측위성(정식 이름은 통신해양기상위성 천리안
1호)은 범죄로부터 우리를 지켜 주는 CCTV 같다. CCTV
가 동네 높은 곳에서 우리를 지켜보는 것처럼 천리안 해
양관측위성은 10년간 하루도 빠짐없이 매시간 동북아시
아 주변 해양환경을 감시하고 이상 상황에 관한 정보를
제공해 주었다. 덕분에 우리는 우리나라를 둘러싼 주변
바다에서 벌어지는 위험에 대비하거나 피할 수 있었으
니, 이보다 든든한 CCTV가 어디 있을까?

천리안 해양관측위성은, 이동수단으로 익숙하지만 그
이상의 다른 역할까지 하는 자동차 같은 느낌이 있다. 살
아가면서 여러 가지 물품을 사용하지만, 그중 자동차는
단순한 기계 이상으로 여기지 않던가. 자동차는 우리가

원하는 곳을 안전하게 갈 수 있게 해주는 동반자 같다. 특히 요즘 유행하는 차박 캠핑에 침대나 주방 등으로 변신하는 차를 보면서, 꼭 필요하면서도 우리를 든든하게 지켜 주는 생명체 같은 느낌을 받는다.

천리안 해양관측위성도 그 역할을 잘 아는 사람들에게는 자동차와 같은 존재이다. 해양환경과 해양 재해를 감시하는 것은 물론 우리 삶의 질에 영향을 미치는 대기 중의 미세먼지나 배의 출항에 매우 중요한 바다 안개인 해무에 관한 정보도 알려 준다. 바다뿐만 아니라 육지의 폭설이나 한 해 농작물의 재배 현황, 기후변화에 따른 식생의 장기 변화 등 다양한 정보를 알려 준다.

나는 천리안 해양관측위성이 사람처럼 느껴지기도 한다. 나이 오십대를 넘으니 시력이 나빠지고 몸도 예전 같지 않은 것처럼, 위성으로서는 중년을 넘긴 천리안 해양관측위성도 센서의 감도가 떨어지고 있다. 하지만 2년 전에 이미 임무 수명을 완수하고도 아직 사용할 만한 자료를 제공하고 있는 것을 보면, 술 한잔 하며 지난날의 이야기를 함께 나누고픈 친구 같은 느낌이다.

부모의 돌봄 아래 교육을 받고 결혼을 하고 취직을 하고 자식을 키우고 살다가 죽는 것이 우리의 일생이다. 살아가면서 크고 작은 성공도 하고 실패도 겪기에 한 사람의 인생을 성공이냐 실패냐로 이분하기는 어렵다. 생을 마감하며 주어진 환경에서 최선을 다해 살았고 행복했노라고 스스로 생각한다면 성공적인 삶일 것이다. 또한 주변에서 좋은 사람으로 기억해 준다면 더없이 행복한 삶일 것이다.

위성의 일생도 비슷하다. 일단 그 시작은 성공적인 발사이다. 그다음으로 위성과 지상국 간의 원활한 통신과 자료 전송이 이루어져야 한다. 마지막으로 수신된 자료를 분석하고 처리하여 사용자에게 잘 배포해야 한다. 사용자들은 자료들을 각자의 목적에 맞게 연구를 하거나 적조 감시나 재난 대응 등에 활용한다.

이런 과정을 통해 위성도 사람처럼 성공이나 실패를 경험한다. 지금도 천리안 해양관측위성은 하루도 쉬지 않고 동북아시아 지역을 관측하고 자료를 전송하고 있다. 이제 천리안 해양관측위성은 주어진 임무 기간 동안의 관측을 거의 마무리한 단계로, 남은 연료를 이용하여 추가 임무 연장을 언제까지 진행하고 은퇴하는 것이 좋을지에 대해 논의 중이다.

　오랫동안 천리안 해양관측위성과 함께한 연구자로서 행복한 사람의 일생이 그러하듯 훌륭한 위성이었다고 기억하고 싶다. 이 책이 해양관측위성 천리안 1호의 성공적인 일생을 진심으로 축하하는 하나의 선물이 되었기를 바란다.

유 주 형

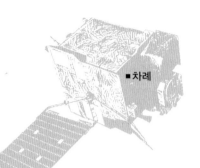

■차례

인공위성과 바다

바다를 연구하려면 어디로 가야 할까? 많은 사람들이 당연히 바다라고 대답할 것이다. 실제로 많은 과학자들이 배를 타고 바다 멀리 나가거나 많은 장비를 챙겨 바다 속으로 헤엄쳐 들어가기도 한다.

하지만 바다를 연구하기 위해 우주에서도 바다를 보는 사람들이 있다. 그들은 손에 물 한 방울 묻히지 않고 물고기가 가장 많은 곳을 알아내고, 바닷물이 어떻게 흘러가며, 어디가 차갑고 더운 물인지, 바다의 재앙이라 불리는 식물플랑크톤의 대발생인 적조가 어디서 일어나는지 또는 오염된 바다를 찾아낸다. 이러한 과학자들이 이용하는 도구는 무엇일까? 바로 인공위성이다.

위성이란 지구나 목성과 같은 행성 주변을 도는 행성보다 작은 천체를 뜻한다. 이 위성처럼 지구 주변을 돌도록 사람이 장치를 만들어 로켓으로 쏘아 올린 것을 인공위성이라고 한다. 대부분의 인공위성은 지표에서 200~36,000킬로미터 높이에 떠서 돌고 있다. 우리 눈에는 잘 보이지 않지만 때론 아주 저궤도의 인공위성은 보이기도 한다.

그렇다면 사람들은 왜 인공위성을 하늘로 쏘아 올릴까? 지구 주위에는 약 6,000여 개의 인공위성이 지구를 돌고 있는 것으로 추정되며, 그 목적에 따라 지구 관측위성, 우주 관측위성, 통신위성, 위치정보(GPS)위성 등이 각각 다른 높이의 궤도에서 임무를 수행하고 있다.

궤도란 태양을 중심으로 도는 지구를 비롯한 여러 행성과, 지구 주위를 도는 인공위성이 그리는 곡선 길을 말한다. 인공위성에 따라 다양한 높이에서 남북으로 도는 위성, 동서로 도는 위성, 이도저도 아니게 비스듬히 도는 위성도 있다.

인공위성 가운데 지구 관측위성은 지구 주위를 돌면서 지구 표면을 관찰하는데, 무엇을 관측하는지에 따라 다음과 같이 나눌 수 있다. 바다를 관측하는 해양위성, 육지를 관측하는 육상위성, 날씨 등을 관측하는 기상위성 그리고 각 나라가 군사와 관련한 비밀정보를 얻기 위해 사용하는 첩보위성 등이 있다.

해양관측위성이 관측하려는 목표물은 바다 표면이거나 아니면 물속이다. 이 목표물에 따라 위성들은 가시광선, 열적외선, 마이크로파(극초단파) 등 빛의 영역을 이용한다.

먼저, 가시광선으로 바닷물 속의 구성 성분별로 미묘하게 달라지는 색을 분석하여 해양환경을 관측한다. 이를 통해 식물플랑크톤의 양, 해양 수질과 탁도 등이 시시각각 어떻게 변하는지 알 수 있고, 적조나 유조선 사고 등에 따른 기름 유출과 확산 정도를 알 수 있다. 이와 같이 가시광선을 활용하여 바닷속 환경 정보를 분석하는 위성을 '해색(ocean color)위성'이라고 한다.

열적외선은 어떻게 활용할까? 모든 물체는 각기 표면 온도에 따라 파장이 다른 열적외선을 방출한다. 예를 들어 뜨거워진 다리미에서 보이지는 않지만 열기를 느끼는 것이 바로 열적외선이다. 이처럼 바다에서 올라오는 열적외선의 세기와 특징을 이용하면 바다 표면의 온도를 측정할 수 있다. 그 측정 결과에 따라 작년보다 올해에 바다가 더 더운지, 차가운지를 파악하고 고수온 및 냉수대에 따른 양식장 피해와 어장 환경 변화 등을 예측할 수도 있다.

마지막으로 마이크로파는 어떻게 활용하는지 살펴보자. 가정에서 자주 사용하는 전자레인지는 마이크로파를 음식물에 쏘아서 가열/요리하는 조리기구이다. 이처럼 위성에서 바다로 마이크로 전자파를 쏘고 되돌아온 시간을 이용하면 해수면 고도뿐만 아니라 바람으로 발생하는 해수 표면의 파도 높이 그리고 바다물의 움직임까지 측정할 수 있다.

이렇게 다양한 해양관측위성을 활용할 때의 장점은 바다에 나가서 직접 조사하는 것보다 훨씬 넓은 지역을 동시에 관측할 수 있다는 점이다.

개성 넘치는
천리안 해양관측위성

지구 관측위성은 남극과 북극을 따라 지구 주위를 돌며 지구 전체를 관측하는 극궤도 위성이 대부분이다. 그밖에 지구의 특정 지역만 지속적으로 관측하기 위해 지표 약 36,000킬로미터 높이의 고도에서 지구를 공전하는 정지궤도 위성도 있다.

위성 이름에 왜 '정지'라는 낱말을 붙였는지 의아하게 생각하는 친구도 있을 것이다. 정지라는 것은 멈췄다는 뜻인데, 정지궤도 위성은 정말로 하늘 위에 멈춰 서 있는 것일까? 사실 궤도 위에서 위성이 정지하면 곧바로 지상으로 추락한다. 그런데 왜 한군데 멈춰 서 있는 것처럼 보일까?

이는 지구에서 관측하는 나와 위성이 회전하는 각속도
가 같기 때문이다. 지구는 하루에 팽이처럼 고정된 축을
중심으로 한 바퀴 자전하고, 위성은 지구 둘레를 하루에
한 바퀴 돌도록 고도를 조정했기 때문이다(〈그림 1〉). 이
높이의 고도를 정지궤도라고 한다.

정확하게 말하면 지구는 하루에 한 바퀴 360도 자전하
고, 위성도 하루에 360도로 지구 둘레를 일정하게 공전
하므로 회전하는 거리가 아닌 단위 시간 동안에 회전하
는 각도, 즉 각속도가 같다. 따라서 지구 위에 서 있는 내
가 보기에 정지한 것처럼 보이는 것이다.

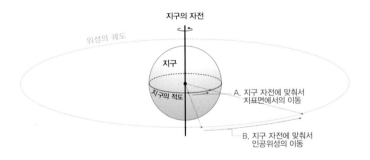

그림 1 A와 B의 이동속도는 다르지만, 지구 자전축을 중심으로 하는 각속도
는 같다.

위성으로 한 지역을 계속 관찰해야 하거나 지구상의 한 지점에서 끊임없이 위성과 통신하며 자료를 주고받으려면 정지궤도 위성이 가장 적합한 방식이라고 할 수 있다. 항상 같은 지역의 날씨를 집중적으로 관측하는 기상위성이나 매일 위성 TV를 볼 수 있게 해주는 통신위성이 대표적인 정지궤도 위성이다.

지금까지 선진국에서 바다를 관측하기 위해 정지궤도에서 위성을 활용한 사례가 없었다. 극궤도 위성보다 약 50배나 멀리 떨어져 있어 원하는 자료를 얻는 것이 힘들었기 때문이다.

2010년 6월 27일에 발사된 천리안 1호는 정지궤도 위성에 세계 최초로 해양관측센서 GOCI(Geostationary Ocean Color Imager)를 탑재하여 정지궤도에서 한반도 주변 바다를 매시간 가시광선으로 관측하고 있다. 다시 말해, 극궤도 위성이 목표 해역을 하루 한 번 사진을 찍는다면 천리안 1호는 해양관측 탑재체 GOCI로 하루 8번 촬영하여 동영상처럼 볼 수 있다는 것이다. 이는 이전의 위성과 비교하여 아주 획기적인 발상이라고 할 수 있다.

참고로 남미 프랑스령 기아나 쿠루 우주기지에서 발사

된 천리안 1호는 항공우주연구원에서 제작했으며, 해양·기상·통신 3가지 기능을 동시에 위성 본체에 탑재해 각각의 임무를 수행하도록 했다.

기상관측위성은 기상청 국가기상위성센터에서, 해양관측위성은 한국해양과학기술원에서, 통신위성은 한국전자통신연구원에서 독립적으로 운영하고 있다. 천리안 1호의 해양관측 영역은 한반도 주변 해역을 중심으로 동북아 해역 2500킬로미터×2500킬로미터의 면적(대한민국의 약 60배)을 고정 관측하고 있다.

천리안 1호의 해양관측 영역은 비록 지구 표면의 1.2퍼센트에 지나지 않지만 황해 주변은 인구 밀도가 매우 높아 인간이 해양환경에 미치는 영향이 상당히 크다. 따라서 전 지구 해수면 평균 수온 상승 속도보다 3.5배가 높은 해역이다. 동해는 한반도와 일본 열도로 바다 전체가 거의 닫힌 형태이기 때문에 지구 환경 변화에 아주 민감하다. 이는 기후변화를 연구하기에 아주 적합하여 전 지구적 환경 변화의 지표 해역으로 알려져 있다.

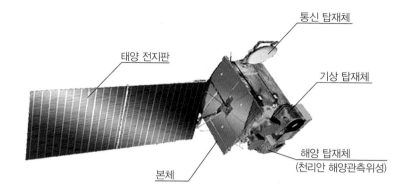

그림 2 천리안 1호의 본체와 세 가지 탑재체

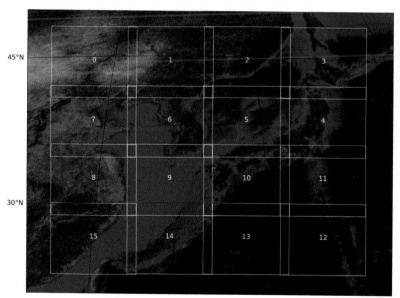

그림 3 천리안 1호의 해양관측 영역

그림 4 천리안 해양위성 자료 수신 안테나와 해양위성센터(경기도 안산)

위성은 왜 다양할까?

우리나라는 현재 천리안 해양관측위성뿐만 아니라 정밀하게 지구를 관측할 수 있는 다목적 위성(Korea Multi-Purpose SATellite, KOMPSAT) 3호와 3A호, 전천후 지구를 관측할 수 있는 레이더 위성인 다목적 위성 5호를 운용하고 있다. 다목적 위성은 흔히 '아리랑 위성'이라고도 하며, 광학, 적외선 그리고 마이크로파를 관측할 수 있는 극궤도 지구 관측위성이다.

1999년 12월 21일에 발사된 다목적 위성 아리랑 1호는 전자광학 카메라(Electro-Optical Camera, EOC)와 해색관측 센서(Ocean Scanning Multi-Spectral Imager, OSMI)가 탑재되었다. OSMI는 우리나라 최초의 극궤도 해색센서이지만 실제로 해색 관측을 위한 요건을 엄밀하게 갖추지 못해 기대만큼 활용되지 못했다. 여기에서 우리는 위성 자료를 활용하는 연구자가 탑재체의 목적을 결정하고 이를 센서 설계에 반영하며, 센서의 특성에 맞는 분석기술을 개발하고, 해양환경 분석 시스템을 미리 준비해야 한다는 교훈을 얻었다. 이후 천리안 해양관측위성에서는 모두의 노력으로 이를 해결했다.

다목적 위성 1호는 해색관측위성으로 널리 활용되지 못했으나 함께 탑재된 전자광학 카메라(EOC)는 공간해상도가 화소당 6.6미터인 흑백 영상을 성공적으로 제공했다. 이를 제작하면서 위성 핵심부품의 설계, 제작과 시험기술을 익힘으로써 우리나라 우주기술 능력이 한 단계 더 발전되었고, 이는 다목적 위성 2호 개발의 기술 기반이 되었다.

다목적 위성 2호는 1호 개발의 경험을 토대로 국내 기술진의 주도로 개발되었다. 여기에 당시 세계에서 일곱 번째로 탑재된 1미터급 고해상도 카메라는 1호와 비교해 40배 이상 높은 공간해상도를 갖추었다. 이는 우리나라가 위성 개발에 본격적으로 나선 지 불과 10여 년 만의 성과였다. 다목적 위성 1·2호 개발을 통해 많은 기술과 경험을 쌓은 국내 위성 개발진은 이후 광학 관측 능력에서 해상도가 화소당 70센티미터급인 다목적 위성 3호, 영상 레이더를 탑재한 다목적 위성 5호, 해상도가 화소당 55센티미터급으로 가시광과 적외선을 관측할 수 있는 다목적 위성 3A호를 개발했다(출처: 한국항공우주연구원).

앞에서 설명했듯이 다목적 위성 개발의 핵심은 주로 공간해상도를 높이는 기술이었다. 그렇다면 공간해상도가 높은 위성이 무조건 성능이 뛰어날까? 2006년 발사된 다목적 위성 2호는 공간해상도가 화소당 1미터인 데 비해, 2010년에 발사된 천리안 해양관측위성의 공간해상도는 화소당 500미터라면 오히려 기술이 퇴보한 것이 아닐까 하는 의문이 생긴다.

사실, 원격탐사* 영상 자료는 공간해상도, 분광해상도, 방사해상도 그리고 시간해상도에 따라 그 특징이 결정된다. 이 네가지 해상도는 활용 목적에 따라 적합한 영상

....
＊원격탐사란 대상체와 직접 접촉하지 않은 상태에서 관련 자료를 수집하여 대상체에 관한 정보를 알아내는 방법이다.

자료를 선택하는 기준이 된다.

공간해상도

공간해상도(Spatial Resolution)는 위성 센서(카메라)에서 파악할 수 있는 지상 표면의 최소 단위(화소 또는 pixel)로 정의된다. 〈그림 5〉에서 보듯이 공간해상도가 높을수록 지표면의 대상을 명확하게 파악할 수 있다. 집이나 식당 등의 목적지를 찾아가기 위해 사용하는 지도 앱(app)은 공간해상도가 중요하다.

하지만 공간해상도가 높으면 자료의 양이 늘어나 위성에서 관측할 수 있는 영역이 좁은 지역으로 한정된다. 다시 말해, 천리안 해양관측위성은 한 번 관측으로 동북아시아 전체의 바다 환경을 파악할 수 있지만 다목적 위성으로는 약 15제곱킬로미터 정도, 즉 동네 범위 정도만 관측할 수 있다.

공간해상도를 높이느냐 마느냐는 관측 영역과 직접적인 관련이 있어 뒤에서 설명할 시간해상도와 타협 관계에 있다. 공간해상도의 질을 높이고 좀 더 영역을 넓게 관측하려 한다면 위성 개발 비용이 천문학적으로 늘어나

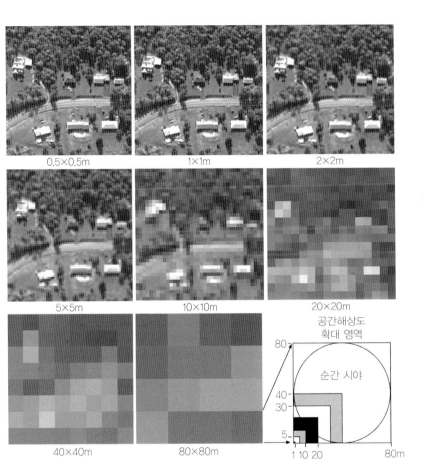

그림 5 위성 영상의 공간해상도와 확대 영역의 예시(출처: Jensen, 2000)

게 된다. 따라서 천리안 위성이 아리랑 위성보다 공간해
상도가 낮은 이유는 천리안 위성이 관측 영역을 넓히는
대신에 공간해상도를 낮추는 방향으로 타협한 결과라고
할 수 있다. 덕분에 천리안 해양관측위성은 동북아 해역
이라는 넓은 영역을 한 번에 관측할 수 있게 되었다.

분광해상도

우리가 보는 빛은 다양한 색을 지녔으며 이 색은 빛의
파장으로 결정된다. 분광해상도(Spectral Resolution)는 카
메라가 빛을 얼마나 다양한 파장으로 분리해서 볼 수 있
는지에 관한 능력을 뜻한다. 흑백 영상은 밴드가 하나이
고, 우리가 일반적으로 사용하는 카메라는 빛의 3원색인
파랑·녹색·빨강 세 개의 밴드를 조합해서 컬러 영상을
만든다.

다목적 위성 3호는 빛을 파장별로 좀 더 세분화하여 4
개의 분광(파장) 영상으로 관찰하며, 천리안 해양관측위
성은 무려 8개의 분광 영상으로 바다를 관찰한다. 이렇게
세분화된 분광 영상으로 대상을 관찰하면 눈으로는 구분
하기 어려운 아주 미세한 색 변화의 특성을 탐지하고 이

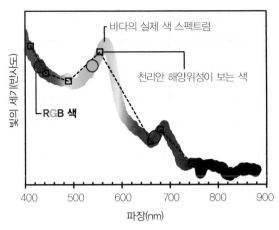

그림 6 분광해상도가 중요한 이유는 분광해상도가 높아야 관찰 대상의 정확한 색을 구분할 수 있다.

해할 수 있다. 하지만 파장을 세분화한 만큼 카메라가 받아들이는 빛에너지의 양이 줄어들어 잡신호(noise)가 상대적으로 커져 공간해상도를 높이기 어렵다.

다목적 위성 2호의 관측 파장 폭은 70~100나노미터(10억분의 1미터), 천리안 해양관측위성의 파장 폭은 이보다 좁은 20~40나노미터이다. 만약 천리안 해양관측위성의 분광해상도를 더 늘린다면 이 관측 파장 폭은 더 줄어들어 관측에 필요한 세기의 빛에너지를 확보하기 위해 공간해상도가 더 줄어들도록 타협해야 할 것이다. 대상체의 모양을 자세하게 파악하기 위해 공간해상도를 높일 것인지, 대상체의 미세한 색 변화 분석을 위해 분광해상도를 높일 것인지는 위성을 활용하는 사람이 결정하여 카메라를 설계해야 한다. 최근에는 해양에서 적조 발생 상황 유무를 모니터링하던 연구에 초다분광(Hyperspectral) 센서를 장착한 위성을 이용하여 적조의 종이나 적조 농도까지 파악하고 있다.

방사해상도

방사해상도(Radiometric Resolution)는 카메라가 얼마나 미세한 밝기의 수준까지 구분할 수 있는지를 나타낸다. 하나의 화소 값을 뜻하는 비트(bit)의 수로 방사해상도를 나타낸다.

지구 자원 탐사위성인 미국의 랜드샛(Landsat) 위성은 8비트의 방사해상도로 0~255까지 256단계의 디지털 값으로 기록하는 데 비해, 천리안 해양관측위성은 12비트의 방사해상도로 4086단계의 밝기 값을 나타낼 수 있다. 따라서 비트 수가 높을수록 밝기나 색의 미세한 차이를 식별할 수 있지만 방사해상도를 높이기 위해서는 영상의

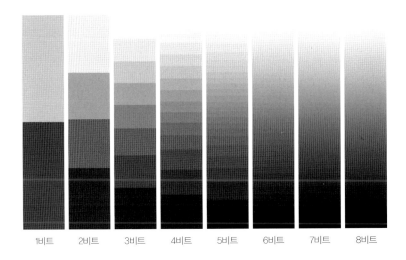

| 1비트 | 2비트 | 3비트 | 4비트 | 5비트 | 6비트 | 7비트 | 8비트 |

그림 7 방사해상도와 영상 품질의 관계. 방사해상도가 높을수록(8비트) 낮은 해상도(1비트)보다 더 다양한 밝기 수준을 표현할 수 있다.

잡신호 양을 줄여야 한다. 이를 위해 분광해상도나 공간 해상도를 낮추는 것으로 타협해야 한다.

시간해상도

시간해상도(Temporal Resolution)는 특정 지역에 대한 영상 자료를 얼마나 자주 얻는지를 나타내는 지표이다. 같은 지역을 자주 방문할수록 시간해상도가 높다. 이는 관측 영역의 결정인자인 공간해상도와도 관계있다.

예를 들면 극궤도 위성의 경우, 공간해상도가 4미터인 다목적 위성 2호는 28일 정도의 주기로, 공간해상도가 30미터인 랜드샛은 16일 주기로 관측한다. 공간해상도가 1킬로미터인 모디스(MODIS, Moderate-resolution Imaging Spectro-radiometer)의 경우에는 하루에 한 번 관측한다.

정지궤도 위성의 경우에는 관측 영역이 고정되어 있어 시간해상도를 크게 높일 수 있다. 극궤도 해색위성인 MODIS가 하루에 한 번 관측하는 데 비해, 천리안 해양관측위성은 하루에 8번, 한 시간 간격으로 자료를 얻을 수 있다.

이 네 가지 해상도는 서로 맞물려 있기에 모든 해상도를 높일 수 없으며 적정선에서 타협해야 한다. 그러나 최근에는 창의적인 아이디어와 새로운 기술력으로 이러한 점들을 해결하기 위해 다음과 같이 노력하고 있다.

첫 번째, 공간해상도는 높지만 시간해상도가 낮은 위성의 단점을 해결하기 위해 군집 위성을 활용하고 있다. 저렴한 가격의 초소형 위성을 수백 대 쏘아 올려 관측 주기를 높인다. 이에 따라 공간해상도가 높으면서 시간해상도도 높은 자료를 얻기도 한다.

두 번째, 유럽의 센티넬(Sentinel) 위성처럼 공간해상도를 높이면서 센서의 관측 폭을 넓혀 시간해상도를 높이는 방법을 활용하고 있다.

세 번째, 천리안 해양관측위성처럼 통신이나 기상 관측에만 사용하던 정지궤도에 해색센서를 탑재하는 방법을 활용하면 하루 단위에서 시간 단위로 관측할 수 있다.

02

천리안 위성의
특별한 눈

본다는 것은 무엇일까?

빛이 없으면 우리는 아무것도 볼 수 없다. 우리가 눈으로 무엇인가를 본다는 것은 빛이 관찰 대상에서 반사 또는 산란되어 우리 눈까지 도달하는 과정을 뜻한다. 따라서 천리안 해양관측위성도 햇빛이 없으면 바다를 볼 수 없다.

예를 들어 암막 커튼을 친 캄캄한 온실 속의 붉은 장미를 생각해 보자. 장미를 보려면 먼저 온실에 친 커튼을 걷어야 한다. 곧이어 온실 안으로 들어온 빛이 장미에 반사된 후 우리 눈에 도달해야 비로소 장미가 보인다.

무지개에서 볼 수 있듯이 빛은 한 가지 색으로 되어 있는 것이 아니라 파장이 다른 여러 가지 색으로 되어 있다. 온실 속으로 들어온 백색의 태양 빛이 장미에 닿으면 대부분의 색은 꽃잎에 흡수되고 유별나게 붉은색만 튕겨 나와 우리 눈에 붉게 보인다.

왜 붉은색만 나오는지는 각각 물질의 광학적 성질에 따라 결정된다. 이렇게 빛이 튕겨 나오는 현상을 '빛의 반사'라고 하는데, 이 반사된 빛이 우리 눈에 보이는 '색깔'이다. 우리가 물체에서 다양한 색을 느끼는 이유는 빛이 사물에 닿을 때 흡수 또는 반사되는 파장이 제각기 다르기 때문이다.

빛의 반사와 산란

산란은 물체나 입자 표면에서 빛/광자의 미세한 물리적 현상이고, 반사는 표면의 미세한 산란의 결과로 나타나는 일반적인 현상이다. 표면에 산란(난반사)이 있어야 반사가 있지만, 장미를 예로 든 여기에서는 거시적이고 일반적인 현상인 반사로 표현하는 것이 올바를 것이고, 바닷속을 예로 든다면 광자/미세입자와의 충돌을 의미하므로 산란/반사를 동시에 사용해도 괜찮다.

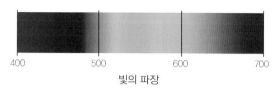

400   500   600   700

빛의 파장

그림 8 파장과 색의 관계. 인간은 약 400nm(보라색)부터 700nm(적색)까지 의 파장을 볼 수 있으며 이 파장 영역을 가시광이라고 한다.

물체 표면에서 빛이 흡수되면 눈에 도달하는 빛이 줄어들고, 빛이 반사/산란되면 눈에 도달하는 빛이 늘어난다. 예를 들어 나뭇잎에 있는 광합성 색소인 엽록소는 청색과 적색 파장을 흡수한다. 그러면 나머지 색 가운데 흡수가 덜 된 녹색 파장이 상대적으로 많이 튕겨 나와 우리 눈에 도달하게 되어 나뭇잎이 녹색으로 보이는 것이다.

이처럼 사물마다 흡수하고 반사하는 빛의 파장이 다르다면, 이와 반대로 색 측정장치(파장대별로 빛의 세기를 재는 분광측정기)로 물체의 반사 특성을 측정하여 그 물체가 무엇인지 추리해 낼 수도 있을 것이다.

같은 원리로 인공위성에서 원격으로 바다 색을 측정하여 분광기로 분석해 보면 어떤 물질이 얼마나 들어 있는지를 알아낼 수 있다. 이것이 가시광을 이용한 위성 원격 탐사의 기본 원리이다.

참고로, 빛은 광자라는 알갱이들의 다발을 뜻한다. 광자가 나아가다 물체 표면에 충돌하여 사라지면 '흡광' 현상이며, 방향만 바꾸어 튕겨 나가면 '산란' 현상이다. 만약 물체 표면이 거칠어 광자가 여러 방향으로 산란이 일어나면 이를 '난반사'라 하고, 산란 후 모두 같은 방향으로 나아가면 '정반사'라고 한다.

〈그림 9〉는 색종이를 야외 분광측정기로 빛을 측정하는 실험으로, 이때 가시광 영역의 파장대별로 색종이의 반사광 특성을 파악할 수 있다.

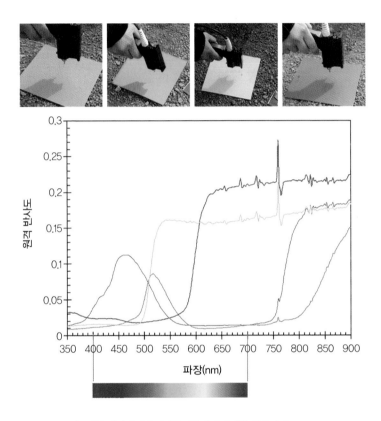

그림 9 색종이를 야외 분광측정기를 이용하여 측정한 원격 반사도

바다 색의 비밀

바다가 왜 푸르게 보이는지는 하늘이 푸르게 보이는 이유와 같다. 모두가 빛의 산란과 흡수와 관련 있다.

바다에 태양으로부터 수없이 많은 빛들이 쏟아지고 이 빛이 바닷속에서 물 분자 등 다양한 물질 입자와 충돌하여 반사되므로 우리는 바다의 색을 볼 수 있다. 우리는 흔히 바다를 '파랗다'라고 표현하지만, 바다 색깔이 한 가지가 아니라는 것은 모두가 알고 있다.

새파란색, 옥색, 하늘색, 검푸른색, 에메랄드빛, 황색, 붉은색, 녹색 등 단순히 예쁘다고 느끼는 바다를 색의 특성으로 살펴보면 어떨까? 바다 색이 이렇게 다양한 것은 앞에서 언급했듯이 해역에 따른 바닷물 속의 주요 성분이 각각 다르기 때문이다.

바다 색은 그 속에 사는 생물들, 바닷물에 녹아 있거나 떠다니는 입자들 그리고 생물의 수나 입자의 농도에 따라 달라진다. 예를 들어 육지에서 멀리 떨어진 곳의 맑은 바닷물은 물 이외에 다른 물질이 거의 없다.

따라서 순수한 바닷물의 흡광/산란 특성에 따라 파란색에서 빛이 많이 산란되고 나머지 파장에서 빛이 흡수되기 때문에 투명한 파란색으로 보인다. 맑은 바다일수록 더 파랗게 보이는 것도 같은 이유이다.

식물플랑크톤이 많은 바다는 엽록소 성분에 따라 녹색으로, 강 하구 등 퇴적물이 많은 바다는 황색 등으로 보인다.

바닷물에는 무엇이 있을까?

바다에는 우리 눈에 보이지 않는 아주 작은 크기의 바이러스에서 고래처럼 거대한 생물에 이르기까지 온갖 생물들이 살고 있다.

하지만 바다 색을 결정지을 정도로 큰 비중을 차지하는 것들은 눈에 보일 듯 말 듯한 작은 크기들로 구성되어 있다. 그중에서 가장 큰 영향을 주는 식물플랑크톤은 바다 전체 생물량의 무려 95퍼센트 이상을 차지한다.

바닷물에는 생물 말고도 각종 유기물질과 무기물질이 포함되어 있다. 유기물은 주로 해양이나 육지의 생명 활동으로 만들어진 부산물이며, 무기물은 대부분 육상의 흙에서 흘러든 것들이다. 이 구성 물질들은 서로 다른 색

의 영역에서 빛을 흡수하거나 산란하여 최종적으로 바다

색을 결정한다.

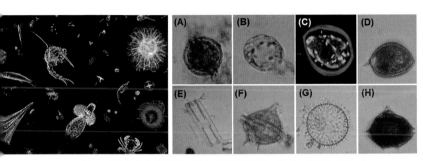

그림 10 바닷속에서 부유하는 주요 입자들의(플랑크톤 등) 현미경 사진. 왼쪽 그림은 동물플랑크톤이며(출처: CNRS/타라 탐험대), 오른쪽 그림은 식물플랑크톤이다(출처: Albelda 외 2019).

그림 11 빛이 바닷속의 주요 입자들을 거쳐 인공위성에 다시 관측되는 과정

위성에서 얻을 수 있는
바닷물의 정보는?

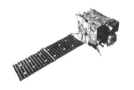

우리는 바다 색을 관측하는 해양 탑재체로 바닷물에 포함된 주요 성분 물질이 무엇이고 어느 정도 들어 있는지 알아낼 수 있다. 이어서 바다 색의 정보와 해양 지식을 활용하여 어디에서 식물플랑크톤이 많이 생겨났는지, 바다에 떠 있는 유·무기물이 어떤 종류인지 등을 알 수 있다.

특히 바다에서 가장 많은 생물량을 차지하는 식물플랑크톤을 탐색하면 해양생태계의 환경변화는 물론 기후변화를 분석할 수도 있다. 식물플랑크톤은 육지의 식생(풀과 나무 등)처럼 1차 생산자이자 1차 생산량의 대표 지수이기 때문에 이들의 모여 있는 군집 분포와 시간에 따른 변화를 오랫동안 관찰하면 바다에 사는 생물들의 환경이 좋아지는지 또는 나빠지는지를 알 수 있다.

또한 육지의 나무가 그렇듯 바다의 식물플랑크톤도 이산화탄소를 흡수하여 기후변화에 영향을 주기 때문에, 이들을 계속 관찰하면 이산화탄소의 순환과 관련한 기후변화를 중·장기적으로 분석할 수 있다. 뿐만 아니라 바다가 탁해지는 정도인 탁도와 수질 변화, 적조 발생, 녹조/갈조의 이동 등 광범위한 영역에서 관측할 수도 있다.

03

천리안 위성으로
더 또렷하고
정확하게

영상 자료의 보정

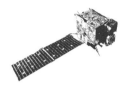

천리안 해양관측위성으로부터 온 첫 영상 자료는 원시적인 자료로 전문가 외에는 제대로 알아볼 수 없는 정보들로 가득하다. 이를 목적에 적합한 영상으로 바꾸려면 여러 가지 보정 과정이 필요하다.

먼저 각각의 색(파장대wavelength band, 줄여서 밴드)에서 디지털 값으로 촬영된 빛의 세기 영상을 정확한 밝기 값으로 바꿔 주는 복사보정, 영상의 위치를 정확한 지구의 위도와 경도 위치로 맞춰 주는 기하보정, 16개 해역으로 나누어 촬영한 한반도 주변 영상을 하나의 영상으로 이어 붙이는 영상 붙이기(슬롯 합성), 바다와 천리안 해양관측위성 사이를 채운 대기(大氣)의 영향을 제거하여 정확한 바다 색을 찾아내는 대기보정, 마지막으로 각 파장대별 신호 값으로 바닷물 속의 다양한 물질 정보를 계산하는 과정으로 나뉜다. 그럼 각각의 방법을 자세히 알아보자.

해수 반사도를 정확하게: 복사보정

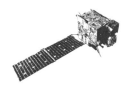

디지털 카메라로 광고 사진을 찍거나 영화를 촬영할 때는 조명이나 촬영 설정들을 조정하여 원래 모습보다 더 멋지게 표현한다. 우리가 보통 휴대전화로 찍은 셀카 사진 등에 포토샵을 이용해 사진을 좀 더 예쁘게 만드는데, 이를 영상보정이라 한다.

하지만 천리안 해양관측위성에서 멋지고 아름답게 보이는 '보정'으로는 정보를 분석할 수 없다. 색을 통해 바다를 관찰하려면 바닷물에 반사된 정확한 빛의 세기를 알아내는 것이 중요하기 때문에 꾸미거나 왜곡됨이 없어야만 한다.

이때 분석을 위해 디지털 값으로 저장된 영상을 색깔

(밴드)별로 정확한 밝기로 계산하는 과정을 복사보정이라 한다.

그렇다면 천리안에서 얻은 영상을 어떻게 보정해야 정확한 밝기를 알아낼 수 있을까? 아무 의미 없는 디지털로 저장된 값을 광학적인 빛의 세기로 바꾸려면 인공위성 발사 전 실험실에서 디지털 값과 밝기의 상관관계를 알아야 한다. 이 상관관계 값을 '복사보정계수'라고 한다.

그러나 영상 감지기(image sensor)는 우주에서 우주선 등의 영향으로 시간이 지남에 따라 감도(빛을 느끼는 정도)가 둔해지므로 영상 품질이 떨어지고, 원래의 복사보정 계수도 점차 변한다.

위성 발사 후에 실험실 복사보정을 할 수 없으므로 다음과 같은 방법을 사용한다. 정확한 바다의 빛세기(광도)를 현장에서 측정하고, 대기 중의 에어로졸(aerosol, 공기 중에 떠다니는 작은 고체와 액체 입자들) 농도를 알고 있다면 이론적으로 태양빛이 대기를 통과하여 다시 위성으로 되돌아왔을 때의 밝기를 이론적 계산을 통해 매우 정확하게 예측할 수 있다.

다시 말해, 배를 타고 바다에 나가서 측정한 밴드(파

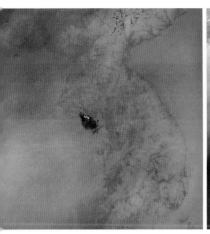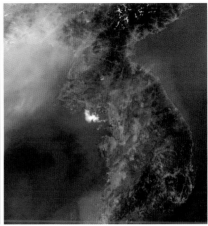

그림 12 복사보정 전(왼쪽)과 후(오른쪽). 복사보정을 통해 영상의 정확한 밝기를 계산할 뿐 아니라 영상의 배경 잡신호를 제거하기도 한다.

장)별 바닷물의 정확한 빛세기와 에어로졸 농도 정보들을 대량으로 저장한 뒤 이를 이용하면 위성에서 관측될 밝기를 이론적으로 예측할 수 있는데, 이 예측 값과 실제 위성 관측 값을 비교하면 더욱 정밀한 복사보정계수를 얻을 수 있다. 이를 대리 교정이라 한다.

이 대리 교정을 통해 최종적으로 0.5퍼센트 이하의 오차율로 복사보정을 마무리한다. 아주 엄격한 기준에서 본다면 영상 감지기의 각 화소(pixel, 영상을 구성하는 가장 작은 단위인 사각형 모양의 작은 점들)별로 감도나 잡신호 특성이 미묘하게 다르기 때문에, 이 복사보정은 모든 화소 각각에 적용된다.

위도와 경도 정확하게 맞추기: 기하보정과 영상 이어 붙이기

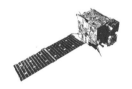

우리가 사진을 찍을 때 카메라의 위치와 방향을 조금씩 바꾸면서 사진을 찍으면 영상도 위/아래 또는 좌/우로 조금씩 기울어진다. 천리안 해양관측위성은 정지궤도에 단단하게 고정되어 있지 않고 떠 있는 상태이기 때문에 시간에 따라 그 궤도와 바라보는 방향이 조금씩 틀어진다.

이에 따라 촬영 영상도 위치가 조금씩 바뀌는데 우리에게 필요한 영상은 우리가 살고 있는 땅과 바다의 모습과 똑같은 위치여야 하므로 조금씩 달라진 영상 속 위치를 보정해야 한다. 이렇게 발생한 차이를 실제 위치와 똑같은 위치로 맞추는 과정을 기하보정이라고 한다.

기하보정을 정확하게 하기 위해 천리안 해양관측위성에서 수많은 해안선 정보들을 기준으로 관측한 영상과 비교하여 위치를 보정한다.

　사진을 찍을 때 높은 배율로 촬영하면 세세한 부분까지 선명하게 보이지만 보이는 영역은 좁다. 반대로 배율을 낮춰 넓은 영역을 한 번에 촬영할 경우 세세한 부분은 보이지 않는다.

　천리안 해양관측위성은 관측 영역을 세세하게 촬영하기 위해 높은 배율로 설계되어 있지만, 이 배율로는 한반

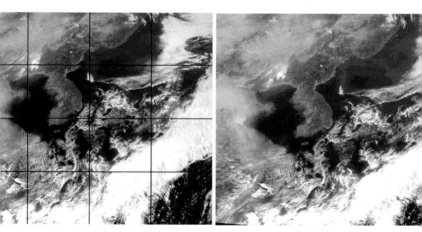

그림 13 천리안 위성에서 촬영한 16개 영상을 기하보정 후 하나의 영상으로 이어 붙인 모습

도 주변 동북아 해역 전체를 한 번에 촬영할 수 없다. 이를 해결하기 위해 천리안 해양관측위성에서 한반도 주변 동북아 해역을 16개 영역으로 나누어 촬영한 영상들을 하나의 영상으로 이어 붙인다. 이렇게 조각난 영상을 이어 붙이려면 정확한 기하보정 작업이 먼저 이루어져야 한다.

위성과 바다 사이의
방해 신호 제거하기: 대기보정

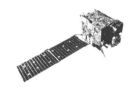

위성에서 관측된 광신호가 정확하게 보정이 되어도 문제가 남아 있다. 이는 위성에서 관측하고 분석하는 색과 밝기(광신호)가 모두 바다에서 올라온 신호만이 아니라는 뜻이다.

예를 들어보자. 보통 아주 멀리 있는 산을 보면 뚜렷하게 보이지 않고 희뿌옇게 보인다. 대기오염이 심할수록 더 뿌옇게 보인다. 이렇게 뿌옇게 보이는 대기 신호는 빛이 대기를 통과하는 동안 에어로졸이나 공기 분자 등으로 산란되어 발생한 것이다.

우주에서 바다를 관측할 때도 마찬가지로 위성과 바다 사이에 희뿌연 대기 신호가 섞이게 된다. 이 신호는 실제로 바닷물의 빛세기보다 너무 강해 바다가 잘 보이지 않을 정도다. 그뿐만 아니라 대기 상태에 따라 이 흐린 정도가 시시각각 달라져서 영상 분석에 어려움이 크다.

따라서 바다의 광신호와 대기의 빛이 섞여 있는 전체 광신호에서 대기의 광신호를 정확하게 계산하여 제거하고 바다의 순수 광신호만을 분리해 내는 과정을 대기보정이라고 한다.

위성에서 바다를 보았을 때 빛세기는 실제 바다의 빛세기보다 약 10배 가까이 밝기 때문에 조금만 틀려도 오차가 커져 매우 정확하게 대기보정을 해야 한다. 대기의 빛세기를 정확하게 계산하려면 시시각각 변하는 대기압의 세기뿐 아니라, 대기의 구성 성분까지 정확하게 알아야 한다. 그러나 위성에서 얻은 신호는 오직 색깔별 빛세기만 있고 다른 정보는 없다. 여기에 대기보정의 어려움이 있다.

대기의 주요 구성 성분은 크게 분자 상태의 공기 입자와 미세먼지나 대기 오염물 등이 합쳐진 에어로졸 입자로 나누어진다. 공기 입자의 경우 분자 종류에 따라 산란광의 세기가 거의 변하지 않기 때문에 대기압 정보만 있으면 빛세기를 정확하게 계산할 수 있다.

하지만 에어로졸 입자는 종류가 너무나 다양해 이 입자들이 일으키는 산란광의 세기를 추정하려면 상당히 까다로운 기술이 필요하다.

대기에 의한 산란광 세기를 추정하는 방법은 다음과 같다. 만약 바다 위 한 지점이 먹물처럼 검은색을 띤다면 바닷물 신호는 없을 것이고, 위성 관측 신호는 모두 대기 신호일 것이다.

실제로 가시광 영역에서는 이런 검은색 바다는 없다. 그러나 근적외선 파장대로 바다를 보면 바닷물의 강한 흡광작용으로 마치 검은색처럼 어둡게 보인다.

천리안 해양관측위성에서 근적외선(745nm~865nm 파장대)을 활용하여 에어로졸의 농도와 종류를 알아내면 다시 가시광 영역에서 에어로졸의 빛세기 신호를 이론적으로 계산할 수 있다.

위성에서 측정한 각 밴드별 모든 광신호에서 에어로졸 신호와 공기 분자에 의한 광신호를 제거하면 대기보정된 오직 바닷물만의 신호를 얻게 된다.

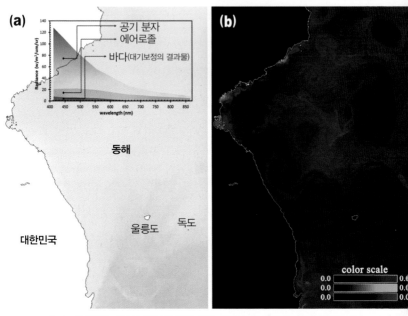

그림 14 대기보정 전(a)과 후(b)의 영상 비교. 바다의 밝기는 위성에서 실제로 관측한 밝기의 10퍼센트 수준도 되지 않으며, 대기보정으로 90퍼센트 이상을 차지하는 대기 신호를 제거해 주어야 한다.

바다 색으로 바닷속 정보 알아내기

대기보정으로 바다의 정확한 색깔별 빛세기 정보를 얻었다면 다음으로는 색깔별 정보를 분석하여 바닷속에 무엇이 얼마나 있는지 알아내는 과정이 필요하다. 이와 같이 색깔별 정보에서 바닷물에 포함된 물질의 종류와 양을 알아내는 계산식을 '해색 알고리즘(ocean color algorithms)'이라고 한다.

이때 색깔별 빛세기의 값을 반사도 값으로 변환하고 색깔 간 반사도 값을 서로 조합하여 최종 알고리즘을 만든다. 예를 들어 바닷물이 푸른색 반사도가 낮아질수록 식물플랑크톤의 양(엽록소 농도)이 많아지고, 황색 반사도가 높을수록 바닷속에 떠다니는 무기물질의 양이 많아진다. 이러한 방식으로 물이 맑은지 탁한지, 탁하다면 어느 정도로 탁한지를 알아낼 수 있다.

한국해양과학기술원에서는 이러한 천리안 해양관측위성 자료들을 정밀하게 분석하기 위해서 해양 자료 처리 시스템을 개발했다. 이 시스템을 GDPS라고 하는데 '천리안 해양관측위성(GOCI)을 위한 자료 처리 시스템(Data Processing System for the Geostationary Ocean Color Imager)'의 약자다.

이 시스템은 기하보정된 천리안 영상 자료를 이용하여 2차(Level 2) 자료를 산출할 수 있으며, 2차 자료로 해양환경과 바닷물의 성분을 분석할 수 있다. 천리안 해양관측위성이 정지궤도 해색위성으로는 세계 최초이므로, 이 자료들을 분석하는 GDPS 또한 세계 최초의 정지궤도 해색 분석 소프트웨어이다. 실제로 GDPS에서 산출할 수 있는 분석 자료의 목록은 다음과 같다.

천리안 해양관측위성으로 산출하는 분석 자료 목록

산출 자료	설명	활용
파장대별 해수 반사도	대기보정을 통해 계산된 바다의 정확한 색 정보	대기의 색이 완전히 제거된 순수한 바다 색의 정보로 해양환경 분석의 기초 자료가 됨
엽록소 농도	바닷물 식물플랑크톤의 양을 대표하는 지수	해양환경 연구, 기후변화 연구
총부유퇴적물	바닷물에 떠다니는 무기물질의 양	수질 연구, 조석에 따른 해양환경 변화 연구
용존 유색 유기물	바닷물에 녹아 있는 색깔을 지닌 유기물의 양	수질 연구, 해양환경 변화 연구
적조 지수	바다 표면의 적조 농도	적조 예보 및 피해 범위 추정
수중 가시거리	물속에서 사람의 눈으로 볼 수 있는 거리	수질 연구, 군사작전 활용
해류 벡터	바닷물 표면에서 바닷물이 움직이는 속력과 방향	항해 정보, 군사작전 활용
황사 지수	대기 중 황사 농도	일기예보
에어로졸 농도	대기 중 미세먼지의 농도	일기예보
해수 수질 등급	바닷물의 오염된 정도	해양 오염 연구
해양 일차 생산력	식물플랑크톤이 하루 동안 생산하는 탄소의 총량	기후 연구, 어장 환경 연구
육상 식생 지수	육상에 풀과 나무가 어느 정도 있는지를 분석한 결과	기후 및 산림 연구
해수 구성 성분별 흡광/산란 지수	바닷물 속에 있는 여러 종류의 입자들에 따라 빛을 얼마나 흡수하고 산란하는지를 분석한 결과	해양 광학 연구

위성 자료가 잘 맞는지 확인하기

해양관측위성으로 바다를 연구하는 과학자들이 손에 물 한 방울 안 묻히고 바다를 연구한다는 이야기는 사실 반은 틀린 표현이다. 왜냐하면 해양관측위성으로 분석한 바닷속 성분의 양이 얼마나 정확한지 확인하기 위해 과학자들이 바다로 직접 배를 타고 나가서 알아보아야 하기 때문이다.

과학자들은 바닷물을 떠서 실제 바닷속 성분과 위성 분석 결과를 비교하여 그 결과가 얼마나 정확한지 파악한다.

연구선을 이용한 현장 관측 외에도 바다에 설치된 해양과학기지나 고정 부표(buoy)에 관측기기를 설치하거나

해양조사선 온누리호

해양조사선을 타고 현장에 나가 검보정 자료 수집

해수 구성 성분
분석을 위한 해수 채집

필터링을 통하여
엽록소 농도, 부유사 농도 등
해수 주요 구성 성분 양 측정

해수 반사도 및
광 특성 측정

선상 실험
(Wet lab)

해수 광량 및
물리량 관측

그림 15 과학자들은 정기적으로 배를 타고 직접 바다에 나가 위성 영상이 얼마나 정확하게 분석하는지 검증을 하고 이를 바탕으로 위성 자료의 분석 정확도를 높인다. 이를 검보정이라고 한다.

그림 16 이어도(위)와 소청초(아래) 해양과학기지. 작은 상자 안 사진은 각각의 기지에 설치된 광학 센서이다.

다른 위성 자료와 비교·검사하기도 한다. 이런 검사 활동은 해외 여러 나라 과학자들의 도움을 주고받는 국제 협력 그룹을 꾸려서 운영하기도 한다.

04

천리안과
사람들

해색위성의 역사와
천리안 해양관측위성

　1980년대에서 1990년대에 이르는 약 20년 동안 해양 과학자들에게 가장 놀라움을 안겨준 위성은 아마 해색 위성일 것이다. 1978년 미국에서 세계 최초의 해색위성 인 CZCS(Coastal Zone Color Scanner)를 개발하여 궤도에 올렸다.

　원래 목적은 연안 해양환경 감시였지만, CZCS 위성으 로 전 지구 식물플랑크톤의 분포를 알게 되면서 해양의 식물플랑크톤이 기후에 미치는 영향에 관한 본격적인 연 구가 시작되었으며, 기후변화 연구에 강력한 도구로 떠 올랐다.

　CZCS 위성은 약 8년간 활동한 후 1986년 수명을 다했지만 연구를 이어갈 후속 위성이 없었다. 10년 후인 1996년 일본이 ADEOS(ADvanced Earth Observing Satellite; Midori) 위성에 OCTS(Ocean Color Temperature Scanner) 해색 탑재체를 개발하여 발사했으나 1년도 못 되어 태양 전지판의 구조적 문제로 전력 고장을 일으켜 운영이 중단되었다.

1997년 8월 미국항공우주국(National Aeronautics and Space Administration: NASA)에서 SeaWiFS(Sea-viewing Wide Field-of-view Sensor) 위성을 개발해 발사에 성공하면서 해색위성을 활용한 연구의 전성기가 다시 찾아왔다. 이후 연속된 해색위성 시리즈인 MODIS(Moderate Resolution Imaging Spectro-radiometer), VIIRS(Visible Infrared Imaging Radiometer Suite) 1호와 2호 등이 성공적으로 그 임무를 수행하고 있다.

SeaWiFS를 비롯한 기존의 해색관측 위성들은 모두 전 지구를 관측하는 극궤도 위성들이라 하루 1회만 관측할 수 있다. 이에 따라 시시각각 변하는 해양환경에서 한 해역의 시간적인 변화를 좀 더 자주 관측할 수 있는 정지궤도 해색관측 위성이 필요하다는 의견이 제기되었다. 하지만 정지궤도는 극궤도에 비해 약 50배 멀리 떨어져서 지구 환경을 관측하기 때문에 극궤도와 동일한 성능으로 관측하는 것이 쉽지 않았다.

그러던 중, 2010년 우리나라에서 천리안 1호가 성공적으로 발사되었다는 소식이 알려지자 세계 위성 개발 전문가들과 해양관측위성 활용 전문가들에게 큰 화제가 되었다. 한국이 세계 최초로 정지궤도 해양관측위성을 쏘아 올렸기 때문이다. 정지궤도 해양관측위성이 꼭 필요한지 반신반의했던 많은 사람들도 운영 성과를 보고 나서야 그 필요성을 이해하게 되었다.

천리안 1호는 해양관측위성에 대한 기존의 생각을 한번에 바꾸어 놓았다. 또한 우리나라가 선진국들을 제치고 세계 해양관측위성 개발 연구를 이끄는 결정적 계기가 되었다.

현재 한국해양과학기술원의 해양위성센터는 천리안 해양관측위성을 운영하고 연구하는 기관으로 세계 해양관측위성 전문가들과 이용자들에게 널리 알려져 있다. 그리고 해양과 위성 연구자는 물론 외부 방문객들이 꼭 들러야 하는 견학 코스가 되었다.

천리안 해양관측위성 자료는 해양영토 관리뿐만 아니라 모든 해양 연구에 꼭 필요한 자료가 되고 있다. 특히 전 지구적인 변화나 넓은 지역에 걸친 해양 연구 등 우리 눈으로 한 번에 볼 수 없는 현상을 보여 주고 있다.

이와 동시에 천리안 해양관측위성의 매시간 촬영 기능으로 실시간 해양관측이 가능하게 되었고 해양 연구뿐만 아니라, 육상과 대기 관측 분야에까지 실제로 활용될 수 있음이 증명되고 있다.

이처럼 천리안 해양관측위성의 활용 분야는 엄청나게 다양하며 무궁무진한 연구 주제와 해양 정보를 제공하고 있다. 한편, 천리안 해양관측위성의 성공적인 활용 사례에 힘입어 NASA에서도 우리와 유사한 정지궤도 해양관측위성 기획을 현재 추진 중이다.

천리안을 만든 사람들과
해양위성센터

　해양수산부와 과학기술부의 후원으로 해양관측위성 천리안 1호는 2003년부터 2009년까지 당시 한국항공우주연구원(최성봉 박사), 한국해양과학기술원(안유환 박사), 기상청 국가기상위성센터(서애숙 박사)가 협력하여 개발했다. 그 노력의 결과 2010년 6월 27일 천리안 해양관측위성이 정지궤도에 성공적으로 발사되었다.

　발사 2년 전인 2008년, 곧 발사될 천리안 해양관측위성의 활용을 위해 한국해양과학기술원에서 해양위성센터를 설립했다. 해양위성센터는 위성 자료를 수신, 처리와 배포하는 주관 기관으로 지정되었다.

지금까지 살펴보았듯이 천리안 해양관측위성에서 바로 수신된 자료는 정보로서의 가치가 크지 않다. 수신된 위성 영상 자료를 보정하고 분석하는 과정을 거쳐야만 과학적 자료로, 기상 자료로, 일상생활에 필요한 정보로 활용할 수 있다.

　해양위성센터는 국내에서 위성을 활용하여 해양을 실시간으로 감시하고, 해양관측위성과 관련한 특화 서비스를 하며, 현장 관측을 통한 자료 품질을 관리하며 대외적으로 협력하기도 한다. 해양관측위성을 전문적으로 운영하는 유일한 기관이라고 할 수 있다.

천리안 덕분에

천리안 해양관측위성으로 기존 극궤도 위성에서 관측할 수 없었던 바다의 많은 현상을 관측할 수 있었다. 예를 들면, 하루 2회 발생하는 밀물과 썰물의 바다 흐름에 따른 해양환경의 변화, 해양오염에 큰 영향을 미치는 적조와 녹조/갈조의 이동을 실시간으로 볼 수 있었다. 물론 해색 원격탐사의 기본 산출 자료라 할 수 있는 식물플랑크톤, 부유 물질, 용존 유기물 정보 등도 충실히 파악할 수 있었다.

그 밖에 천리안 해양관측위성의 장점인 한 시간 간격의 빠른 촬영 주기는 바닷물의 이동 방향과 속력, 폐기물 투기 선박, 해빙, 해무 등을 관측하는 데 유용하여 실제

로 활용되었고, 24시간 같은 지역을 관측하는 정지궤도
의 특성에 따라 황사, 화산 폭발, 산불, 태풍, 유류 유출,
쓰나미, 폭설과 같은 재해/재난 모니터링도 가능하다는
것이 밝혀졌다.

이처럼 천리안 해양관측위성 덕분에 새롭게 알게 된
사실들이 많지만 그중 과학적, 환경적, 사회적으로 우리
와 밀접하게 관련되어 있거나 중요한 내용을 몇 가지 알
아보자.

부유 물질과 조석 작용

강은 육지에서 흘러 들어온 많은 것을 바다로 옮겨 간
다. 육지의 토양이 강을 거쳐 바다로 흘러들기 전 하구에
쌓이는데, 이 토양이 바닷물의 움직임에 따라 바닷물에
섞여 넓게 퍼진다.

우리나라 서해는 중국에서 두 번째로 길고 누런색 강
이란 뜻의 황허(黃河)와 연결되어 있다. 황허는 이름 그대
로 엄청난 양의 황토를 나르는 강으로, 이 강이 서해로
흘러들면서 바다 색깔도 누런색을 띤다. 서해를 다른 말
로 누렇다는 뜻의 한자 황(黃)을 붙여 황해(黃海)라고 부르

는 것은 황허에서 싣고 온 흙 색깔에서 비롯되었다.

이처럼 황해의 바닷물이 탁한 이유는 육상에서 흘러든 부유 물질 때문이다. 부유 물질이란 바닷물의 흐름에 따라 이동하는 물질로, 부유 물질을 관측하면 밀물과 썰물 등에 따른 바닷물의 이동도 쉽게 관측할 수 있다.

우리나라 황해는 밀물과 썰물 때의 바닷물 높이 차인 조차(潮差)가 매우 크다. 세계적으로 황해처럼 밀물과 썰물의 조차가 큰 해역은 거의 없다.

특히 인천 앞바다로 대표되는 경기만은 최대 조차가 약 9미터에 이르며 광범위한 면적에 바닷물의 부유 물질 농도가 높고 갯벌이 드넓게 발달했다. 갯벌은 조석(朝夕) 간만(干滿)에 따라 잠기거나 드러나기를 되풀이한다.

조차가 큰 만큼 바닷물의 이동량이 많아 부유 물질이 대량으로 이동하는 현상이 발생하고, 이러한 현상은 한 시간 간격으로 천리안 해양관측위성의 부유물 농도 분석 영상을 통해 관측된다. 다음의 〈그림 17〉과 〈그림 18〉의 시간별 위성 분석 영상 자료에서 시간에 따라 급변하는 경기만 해역의 부유 물질 이동을 확인할 수 있다.

또 육상에 있는 많은 펄과 모래를 비롯한 퇴적물들이

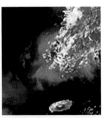

2011년 3월 17일
한반도 서남해
해역
GOCI 영상

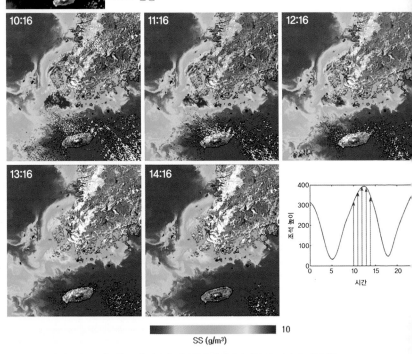

그림 17 2011년 3월 17일 천리안 해양관측위성에서 관측한 시간에 따른 부유 물질의 이동과 확산

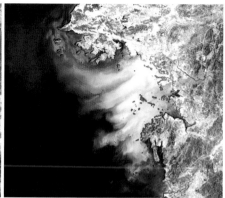

그림 18 2012년 1월 7일 서해 경기만 지역의 조석에 따른 부유 물질의 이동과 확산

하천을 거쳐 바다로 흘러든다. 따라서 강 하구 부유 물질의 농도 변화를 오랫동안 위성 관측으로 분석하면 퇴적물들이 어디로 이동해서 어디에 쌓이는지 파악할 수 있다. 나아가 육상 기원 오염물질이 해양환경에 미치는 영향도 연구할 수 있다.

실제로 〈그림 19〉의 위성 영상에서 황해의 강 하구와 연안 해역에서 계절, 조석, 기상에 따라 달리하는 부유 물질의 분포와 이동 모습을 볼 수 있다.

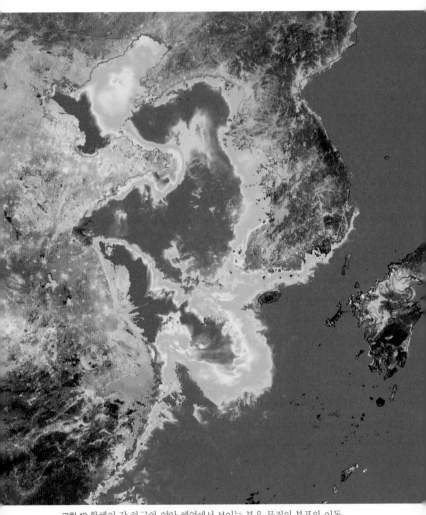

그림 19 황해의 강 하구와 연안 해역에서 보이는 부유 물질의 분포와 이동

적조 이동에 따른 하루 동안의 적조 농도 변화

식물플랑크톤이 폭발적으로 증식하면 적조 현상이 나타나는데, 이 현상은 일정시간이 지나면 증식을 멈추고 썩기 시작한다. 너무 많은 식물플랑크톤이 한꺼번에 광합성을 한 탓에 적조 현상이 벌어지면 바닷물에 녹아 있는 산소가 고갈되기도 하고, 일부 유해성 적조 종들의 독성으로 물고기와 조개 등의 어패류가 질식사 또는 폐사하기도 한다. 이러한 적조도 천리안 해양관측위성으로 관측할 수 있다.

적조가 발생하면 바닷물이 주로 붉은색이나 검붉은색으로 변하는 등, 적조를 일으키는 종의 종류에 따라 색깔이 달라지는데, 천리안 해양관측위성으로 이를 알아낼 수 있다.

한반도 주변 해역은 1995년 이후 유해성 적조가 점차 대규모화, 광역화, 만성화되는 경향을 보이는데, 천리안 해양관측위성이 발사된 후부터 자세히 관측할 수 있었다. 2013년 8월 13일에 촬영된 천리안 해양관측위성 영상에는 포항 연안부터 울릉도, 독도까지 퍼진 유해성 적조인 코클로디니움(*Cochlodinium*)이 오전 9시부터 오후 4시

그림 20 무인 항공기로 촬영한 여수 해역의 코클로디니움 적조 띠

그림 21 무인 항공기로 촬영한 부산 해역에 나타난 세라티움(*Ceratium*) 적조 띠(왼쪽), 현장 조사에서 발견된 녹틸루카(*Noctiluca*, 야광충의 일종) 적조 띠 (오른쪽)

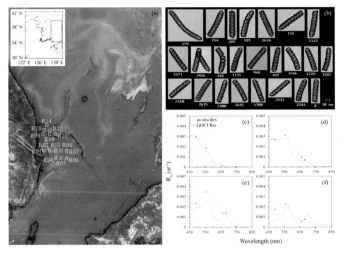

그림 22 플로우캠(Flowcam)으로 관찰한 코클로디니움

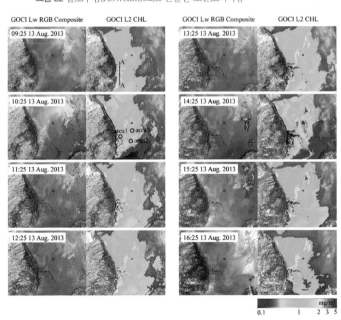

그림 23 2013년 8월 13일 천리안 해양관측위성에서 관측한 코클로디니움 적조 구역 영상(각각의 그림 왼쪽은 RGB 영상, 오른쪽은 엽록소 농도 영상)

까지 물속에서의 수직 이동에 따라 표층에서의 적조 농도가 점점 높아지는 것이 확인되었다. 다행히 2015년 이후로 한반도 근해에서 대규모 코클로디니움 적조가 발생하지 않지만, 아직까지 무해성 적조는 꾸준하게 발생하고 있는 상황이다.

녹조/갈조 탐지와 이동 분석

바다 녹조란 연안에 서식하는 대형 녹조류(해조류)의 대량 증식 현상을 가리키며, 강과 하천에서 발생하는 남조류의 대량 번식으로 물색이 녹색으로 바뀌는 현상과는 구별된다. 바다 녹조는 연안에서 매우 자주 관측되는 현상으로, 2008년 이후 대규모의 부유성 바다 녹조가 황해와 동중국해에서 꾸준히 관측되고 있다. 보통 4~5월 연안에 부착하여 자라다가 물리적인 힘으로 연안에서 떨어져 나온 녹조류는 해류와 바람을 따라 바다 멀리 이동하는 특성이 있다.

2013년 이후 동중국해에서 부유성 괭생이모자반에 의한 대규모 갈조 현상이 발견되고 있는데, 주로 겨울에서 봄철까지 관측되고 있다. 괭생이모자반의 분포와 그 양

그림 24 천리안 해양관측 위성에서 관측한 녹조(녹색)와 갈조(갈색)

그림 25 한반도 주변 해역에서 발견되는 갈조

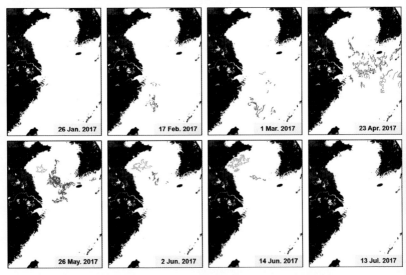

그림 26 천리안 해양관측위성 자료로 분석한 중국 연안에서부터 한반도 연안으로 이동하는 갈조(2017. 1. 26.~7. 13.)

은 해마다 증가하는 추세를 보이고 있다. 바다 녹조와 갈조 모두 중국 동부 연안에서 생겨나 황해와 동중국해를 떠다니다가 우리나라 연안까지 흘러들고 있다.

녹조류와 갈조류는 독성이 없지만 많은 양이 연안으로 흘러들면서 생태계 교란을 일으키고 있으며, 악취를 풍기고 보기에도 좋지 않아서 관광산업에 피해를 주고 있다. 그뿐만 아니라 작은 선박들의 운항에 지장을 주어 산업적인 피해도 주고 있다.

시시각각 변하는 해양환경 포착

_ 해류

해류란 일정한 방향과 속도로 움직이는 바닷물의 흐름을 뜻한다. 황해는 조석작용으로 인해 바닷물이 빠르게 흐르는 한편, 식물플랑크톤 농도도 높다. 따라서 천리안 해양관측위성에서 연속으로 촬영하여 이들의 움직임을 추출하면 해류의 양상을 분석할 수 있다.

선박에서 해류를 관측하려면 엄청난 비용이 들지만, 위성 영상으로 해류의 양상을 분석하면 정밀도는 떨어지지만 짧은 시간 안에 해류의 정보를 얻을 수 있다. 이 해

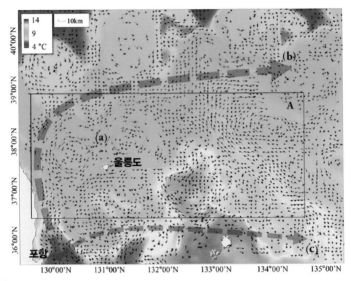

그림 27 천리안 해양관측위성 자료로 추정한 2011년 4월 5일 한반도 동해 해역의 해류 모식도: 화살표 방향은 해류의 방향을, 크기와 색은 해류의 속도를 나타낸다.

류 양상 분석 방법은 천리안이 없었다면 생각하기 어려웠던 방법으로, 천리안 해양관측위성 영상 덕분에 동해에 이어 황해의 해류 모식도를 구현할 수 있었다.

_해양 투기 선박 감시

극궤도 위성보다 지구에서 50배나 멀리 떨어져 있는 천리안 해양관측위성 영상은 픽셀 하나당 해상도가 500

미터이다. 처음 위성을 개발할 때는 정지궤도 위성으로 해상도가 매우 정밀한 편에 속했지만 선박의 움직임까지 관측할 수 없으리라 예측했다.

그러나 위성을 정상적으로 운영하자 뜻밖에도 각종 해양환경에 변화를 일으키는 선박들의 활동과 이동 경로가 명확히 관측되었다. 예를 들면, 해양에 대량으로 버린 폐

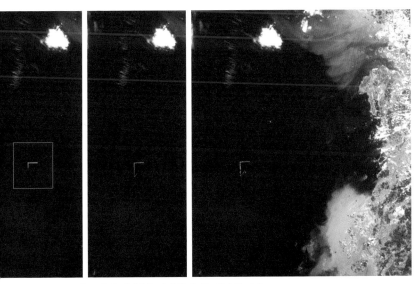

그림 28 육상 폐기물을 바다에 버리는 선박의 궤적:
마치 자로 잰 듯한 삼각형으로 나타나는 이 선박의 항적은 덤핑(투기) 선박인 것으로 확인되었다. 액체 투기물이 바다 표면에 퍼지면서 천리안 해양관측위성으로 쉽게 선박의 궤적과 속도를 파악할 수 있었다. 이 선박의 항해 속도는 약 8노트로 계산되었나.

기물에 포함되어 있던 부유 물질들이 넓게 확산될 때 위성으로 투기 선박의 위치와 궤적은 물론, 매시간 항적의 진행 상태를 알아낼 수 있다.

_해빙, 바다에 어는 얼음

추운 겨울이면 대동강 하구부터 백령도까지 해빙이 형성되는 것을 볼 수 있다. 천리안 해양관측위성에서 얻은 영상에 따르면, 해빙은 대개 12월 중순경에 처음 모습을 드러내며, 날씨가 추워질수록 점점 그 결빙 면적이 넓어진다.

바다에 갑자기 커다란 얼음이 나타나면 운항하는 배들에 위험 요소가 될 수 있다. 따라서 해빙 정보는 모든 선박의 안전 운항에 매우 중요한 정보이다.

천리안 해양관측위성의 관측 영역에 주로 북한, 러시아 및 중국과 일본의 북부 연안 해역에서 생성된 해빙이 떠다니는 모습이 상세히 관측되어 이 지역들의 선박 운항에 도움이 되는 정보를 제공하고 있다.

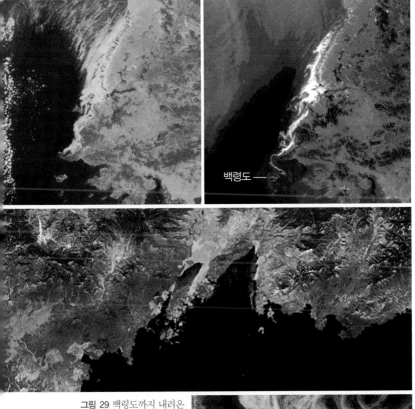

백령도 —

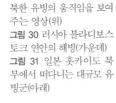

그림 29 백령도까지 내려온 북한 유빙의 움직임을 보여 주는 영상(위)
그림 30 러시아 블라디보스 토크 연안의 해빙(가운데)
그림 31 일본 홋카이도 북 부에서 떠다니는 대규모 유 빙군(아래)

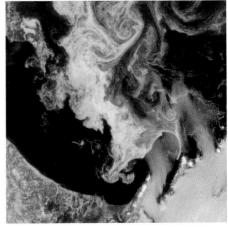

_해무(바다 안개)

도로에 안개가 짙게 껴서 교통사고가 일어났다는 뉴
스를 접한 적이 있을 것이다. 바다도 마찬가지다. 바다에
낀 안개를 해무라고 하는데, 해무는 해상 활동의 위험 요
소다. 같은 지역을 일 년 내내 관측한 결과, 천리안 해양

그림 32 천리안 해양관측위성에서 관측한 바다 안개

관측위성으로 해무의 규모와 해무가 자주 나타나는 해역을 알아내게 되었다. 그런데 높은 하늘 위에서 구름과 안개를 어떻게 구별할 수 있을까?

천리안에서 얻은 영상을 보면 바다 안개는 연안 해안선을 따라 분포하며 무늬 없이 밋밋한 형태로 나타난다. 이에 비해 구름은 대개 복잡한 무늬로 나타나기 때문에 쉽게 구별되는 편이다.

천리안 해양관측위성의 장점인 연속 영상으로 관측하면 더 쉽게 구름과 바다 안개를 구별할 수 있다. 바다 안개의 정보는 선박이 항해할 때 안전 정보로 아주 중요하며, 해군의 작전 정보로도 긴요하다.

그 밖에 육상과 대기 관측 활용

_폭설

2012년 1월 27일부터 강원도 지방을 시작으로 전국에 내린 눈은 1월 31일 34센티미터(대관령)의 적설량을 나타냈으며 폭설로 변하여 전국을 하얗게 뒤덮었다.

한편, 2월 1일부터 밀어닥친 한파로 국토의 대부분이 꽁꽁 얼었으며 곳곳에서 교통 대란, 항공기 결항, 동파

사고 등 폭설과 한파 피해가 속출했다. 이러한 한파 역시 천리안 해양관측위성에서 뚜렷이 관측되었다.

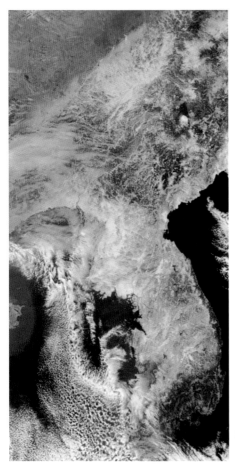

그림 33 천리안 해양관측 위성에서 관측한 폭설

_미세먼지와 황사

중국 북부와 몽골 광야에서 발생하는 황사는 우리 일상생활에 직접적으로 나쁜 영향을 주지만, 바다에 떨어지면 간접적으로 바다 생물에 무기 영양분을 제공하는 좋은 역할도 한다.

한반도 바다를 관측하는 천리안 해양관측위성은 황사뿐 아니라, 최근 겨울마다 큰 논란이 되고 있는 미세먼지도 탐지하고, 시간 단위로 어떻게 이동하는지 관측한다.

특히 2011년 4월 말경 몽골 부근에서 발생한 황사는

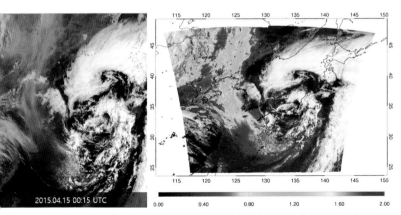

그림 34 천리안 해양관측위성 자료로 분석한 한반도 주변 에어로졸 모니터링 분포 영상(자료 제공: 연세대학교 대기과학과)

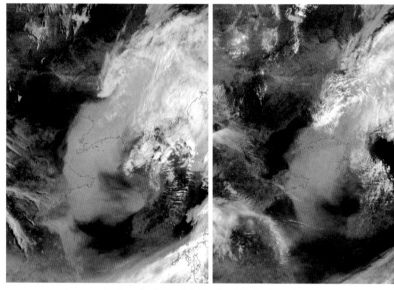

그림 35 2011년 4월 30일 천리안 해양관측위성에서 관측한 황해를 건너 한반도로 이동하는 황사의 연속 영상

그 발생 과정에서부터 한반도로 이동하는 모습이 천리안 해양관측위성에 뚜렷이 관측되었다. 최근 중국에서 발생한 대기오염이 황사와 더불어 한반도 쪽으로 이동하는 것은 기정사실이지만 중국 측에서는 잘 인정하지 않으려고 한다. 이러한 위성 관측 자료는 시각적으로 잘 나타나 있어 국가 간 환경 분쟁의 해결 자료로도 활용할 수 있다.

_화산

2011년과 2018년 일본 규슈 지방의 신모에다케 화산이 폭발했다. 신모에다케 화산은 1716년부터 꾸준히 분화하고 있는 활화산으로 이번 폭발은 1959년 폭발 이후 50년 만의 폭발로 기록되었다.

2011년 1월 26일 오전부터 분화와 소규모 화산 활동이 시작되었고, 오후 3시 40분 전후로 화산성 진동이 커지면서 대규모 분화로 발전하여 약 2,500미터 상공까지 연

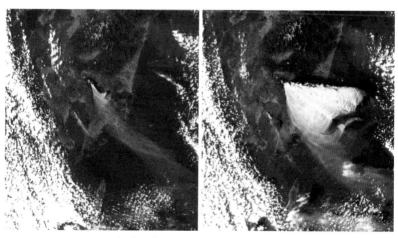

그림 36 2011년 1월 26일 천리안 해양관측위성에서 포착한 일본 규슈 가고시마와 미야자키현의 신모에다케 화산 폭발 연속 영상

기가 치솟았다. 이번 폭발 이후로도 두세 차례 화산 폭발 징후가 나타났으며, 지난 2011년 3월 13일 다시 폭발했다. 천리안 해양관측위성은 분화의 발전 과정을 시간별로 상세하게 관측했고 화산 폭발의 규모를 산출하는 데 도움이 되었다.

_산불

2000년 봄 강원도 북부 고성군에서 발생한 산불로 남쪽 경상북도 울진군까지 산림 23,794헥타르(1ha=1만㎡)가 불에 탔고, 850여 명의 이재민이 발생했다. 2005년 봄 양양에서 발생한 산불은 우리나라의 명승지인 낙산사로 번져 주요 건물과 함께 국보 479호인 동종을 녹여 버렸다.

주로 구름이 없는 건조한 시기에 자주 발생하는 산불은 천리안으로 쉽게 감시되며, 비록 연기가 구름과 뒤섞여 있더라도 매시간 연속 관측한 영상으로 뚜렷이 식별된다.

그림 37 2011년 4월 천리안 해양관측위성에서 관측한 북한 지역의 산불

해양관측위성 천리안 1호의 성공과 천리안 2B호의 개발

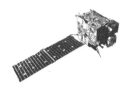

중국 옛 이야기에, 백성들을 위해 진심으로 봉사해 사람들을 기쁘게 했던 양일이라는 군수가 있었다. 그는 특히 관내의 사정에 밝아 백성들 마음의 세세한 상황까지 꿰뚫고 있었기에 백성들은 그가 천리안(千里眼)을 지녔다고 칭송했다.

천리안은 말뜻 그대로 천 리 앞을 내다볼 수 있는 눈으로, 이후 먼 곳의 사정을 꿰뚫어볼 수 있는 능력을 뜻하는 의미로 널리 사용되고 있다.

또한 고도 3만 6000킬로미터 한반도 상공에서 24시간 내내 뛰어난 관측 능력을 발휘하여 정확한 정보를 적시에 제공함으로써 우리나라의 기상 및 해양 관측과 통신

서비스에 기여하고, 나아가 전 세계인들이 뛰어난 정보를 공유할 수 있도록 하여 '하늘(天)에서 이로움(利)과 안전함(安)을 가져다준다'는 의미도 내포하고 있다(출처: 통신해양기상 위성 명칭 공모 결과 발표 보도자료, 2010. 04. 01., 교육과학기술부).

인류는 오랫동안 바다를 항해하며 바다 환경에 관한 정보를 수집했지만, 현대의 첨단기술로 위성을 통해 우주 공간에서 바다를 관측할 수 있는 시대가 열렸다. 이에 힘입어 우리나라는 2010년에 세계 최초로 정지궤도 해양관측위성인 천리안 1호를 발사했다. 이로써 하루에 한 번 관측했던 극궤도 해색위성의 한계를 극복하고, 시시각각 변하는 한반도 주변 해역에 대한 실시간 자료 수집이 가능해졌다.

이 첫 번째 천리안 해양관측위성은 우리나라를 포함한 동북아시아 해양의 파수꾼이라는 막대한 임무를 성공적으로 수행했다. 원래 수명은 2018년에 끝날 것으로 예상했지만, 아직도 건강하게 살아 있고 그 활용 성과를 인정받아 2021년까지 임무를 연장해 추가적으로 자료를 획득할 수 있게 되었다.

천리안 1호의 해양관측 성공에 힘입어 해양수산부는 2013년부터 천리안 1호의 후속 임무를 위해 천리안 2B호 개발에 착수했으며, 2020년 2월 19일에 성공적으로 발사했다. 천리안 2B호는 2020년 9월에 한국항공우주연구원과 함께 궤도상 시험(In-orbit Test)을 거친 뒤, 10월부터 Level-1B 자료를 배포하게 된다.

천리안 2B호의 가장 큰 특징은 동북아 해역을 하루에 10번 관측하는 것은 물론, 매일 한 번씩 우리나라를 중심으로 지구의 3분의 1을 관측한다. 관측 범위가 넓어지면 무엇이 좋아질까? 예를 들어 동남아시아 어딘가에서 쓰나미나 해양 재해가 발생하면, 그 구역을 집중적으로 관측하고 분석할 수 있어 우리에게 매우 중요한 정보를 더 빠르게 알려줄 수 있다. 천리안 2B호는 천리안 1호에 비해 4배 더 선명하게 관측할 수 있고, 전체적인 관측 정확도 또한 향상되었다.

지금까지 알아보았듯이, 위성은 하늘에서 관측하는 것만큼 땅에서 자료를 보정하고 분석하며 처리하는 것

그림 38 2020년 7월에 문을 연 해양위성 운영동 전경(부산)

이 중요하다. 이를 위해 한국해양과학기술원 해양위성 센터는 정지궤도 해양관측위성에서 얻은 자료를 처리하고 분석하기 위한 자료 처리 소프트웨어를 독자적으로 개발하여 운영했다. 그리고 천리안이 1호에서 2B호로 발전되었듯이, 천리안 2B호에 적합한 성능을 개선하고 있다.

천리안 1호는 우리나라의 해양에 관한 조사 및 연구 능력을 획기적으로 높인 위성이자 적조 지수, 해수면 온도, 부유 물질 등 해양환경에 대한 준실시간(準實時間. 주, 순(10일 간격), 월 단위로 일괄하여 실태를 파악하려는 일) 모니터링 체계를 구축하는 기반을 마련했다고 평가받고 있다.

또한 2B호는 1호에 비해 관측 범위가 우리나라 주변 해역뿐만 아니라 인도양에서 (남)태평양까지 크게 확대되었고, 자료의 공간해상도 역시 크게 향상되어 더욱 정밀하게 관측할 수 있는 능력이 있다. 동시에 2B호 위성의 자료가 필요한 국가가 늘어나게 되었고, 좀 더 큰 범위에서 지구 온난화에 따른 기후변화와 해양생태계에 미치는 영향, 해수면 상승 등에 관한 과학적 정보 수집과 분석에

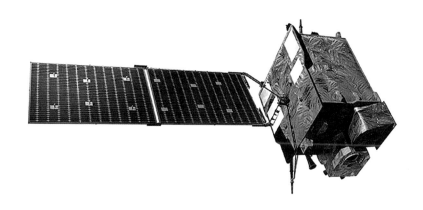

그림 39 천리안 2B호

서 그 역할을 톡톡히 해낼 것으로 보인다.

우리에게 중요한 바다는 아직 알아야 할 것이 더 많은 미지의 세계다. 우리 기술로 개발한 최초의 해양관측위성인 천리안이 앞으로도 계속 바다에 대해 더 다양하고 놀라운 지식들을 얻을 수 있기를 기대한다.

■참고 문헌

한국해양과학기술원 해양위성센터. (2002). 우주에서 바다를 감시하다, 천리안 해양관측위성 발사 2주년 기념 영상집.

Albelda, R. L., Purganan, D. J. E., Gomez, N. C. F., ... & Onda, D. F. L. (2019). Summer phytoplankton community structure and distribution in a mariculture-affected coastal environment. Philiphine Science Letters, 12(02), 157-166.

Choi, J. K., Park, Y. J., Ahn, J. H., Lim, H. S., Eom, J., & Ryu, J. H. (2012). GOCI, the world's first geostationary ocean color observation satellite, for the monitoring of temporal variability in coastal water turbidity. Journal of Geophysical Research: Oceans, 117(C9).

Choi, J. K., Min, J. E., Noh, J. H., Han, T. H., Yoon, S., Park, Y. J., ... & Park, J. H. (2014). Harmful algal bloom (HAB) in the East Sea identified by the Geostationary Ocean Color Imager (GOCI). Harmful Algae, 39, 295-302.

Jensen, J. R. (2000). Remote sensing of the environment: An earth resource perspective 2/e. Pearson Education India.

Kwon, K., Choi, B. J., Kim, K. Y., & Kim, K. (2019). Tracing the trajectory of pelagic Sargassum using satellite monitoring and Lagrangian transport simulations in the East China Sea and Yellow Sea. Algae, 34(4), 315-326.

Ryu, J. H., Han, H. J., Cho, S., Park, Y. J., & Ahn, Y. H. (2012). Overview of geostationary ocean color imager (GOCI) and GOCI data processing system (GDPS). Ocean Science Journal, 47(3), 223-233.

Yang, H., Choi, J. K., Park, Y. J., Han, H. J., & Ryu, J. H. (2014). Application of the Geostationary Ocean Color Imager (GOCI) to estimates of ocean surface currents. Journal of Geophysical Research: Oceans, 119(6), 3988-4000.

■ 그림에 도움 주신 분

KIOST 해양위성센터원

그림 16. KIOST 해양 재해·재난연구센터 정진용, 정종민 연구원 제공

그림 39. 한국항공우주연구원